FORSCHUNGSBERICHT DES LANDES NORDRHEIN-WESTFALEN

Nr. 2688/Fachgruppe Maschinenbau/Verfahrenstechnik

Herausgegeben im Auftrage des Ministerpräsidenten Heinz Kühn
vom Minister für Wissenschaft und Forschung Johannes Rau

Prof. Dr.-Ing. Manfred Weck
Dr.-Ing. Rolf Holler
Laboratorium für Werkzeugmaschinen und Betriebslehre
der Rhein.-Westf. Techn. Hochschule Aachen

Schneckenradwälzfräsen

WESTDEUTSCHER VERLAG 1977

CIP-Kurztitelaufnahme der Deutschen Bibliothek

Weck, Manfred
Schneckenradwälzfräsen / Manfred Weck; Rolf
Holler. - 1. Aufl. - Opladen: Westdeutscher
Verlag, 1977.
    (Forschungsberichte des Landes Nordrhein-
    Westfalen; Nr. 2688 : Fachgruppe Maschinen-
    bau/Verfahrenstechnik)
    ISBN 978-3-531-02688-6   ISBN 978-3-322-88387-2 (eBook)
    DOI 10.1007/978-3-322-88387-2
NE: Holler, Rolf:

ISBN 978-3-531-02688-6

INHALT

1. EINLEITUNG

Schneckengetriebe besitzen in der Antriebstechnik wegen der
platzsparenden Winkelbauweise, der geräuscharmen Leistungs-
übertragung und der hohen Übersetzung pro Stufe ein großes
Einsatzgebiet. In letzter Zeit besteht die Tendenz zum Ein-
satz mehrgängiger Schnecken, da der Wirkungsgrad eines
Schneckengetriebes maßgeblich mit der Zähnezahl und dem
Steigungswinkel der Schnecke steigt. Bei mehrgängigen
Schnecken kann der Wirkungsgrad 90 % und mehr betragen.
Während jedoch eingängige Schnecken und die entsprechenden
Schneckenräder relativ problemlos gefertigt werden können,
treten bei den mehrgängigen Schneckengetrieben einige
Schwierigkeiten bei der Herstellung auf.

In dem Forschungsvorhaben "Schneckenradwälzfräsen", über
dessen Ergebnisse nachfolgend berichtet wird, sind diese
Schwierigkeiten in Zusammenarbeit mit der Industrie untersucht worden. Angestrebt wurden Problemlösungen, die

- den Herstellvorgang rechnerisch simulieren und damit dem
  Anwender zu einem möglichst frühen Zeitpunkt, nämlich in
  der Auslegungsphase, Aussagen über das Laufverhalten von
  Schnecken bzw. Schneckenrädern liefert,

- Möglichkeiten bieten, die geometrischen Faktoren aus der
  Technologie der Herstellung von Schneckenrädern rechnerisch zu erfassen und eine Optimierung der Fräsverfahren im geometrischen Bereich erlauben.

Zum besseren Verständnis soll zunächst die beim Schneckenradwälzfräsen angewendete Technologie erläutert und der
Stand der Technik dargelegt werden.

2. STAND DER TECHNIK

Bei den hier betrachteten Zylinderschnecken-Getrieben ist
stets die Schnecke das die Geometrie des Schneckenrades
bestimmende Bezugselement. Die einzelnen Flankenformen
sind nach ihrer Erzeugungseigenart definiert und zum Teil
genormt. Mit Hilfe des Schneckenradwälzfräsens wird ein
geometrisch auf die vorgegebene Schnecke abgestimmtes
Schneckenrad gefertigt. Hierzu dienen Wälzfräser, die in
den Hauptabmessungen ihres Werkzeughüllkörpers mit der
Schnecke prinzipiell übereinstimmen. Allerdings ist die
Geometrie aus Gründen, die nachfolgend beschrieben werden,
nicht exakt identisch.

Bei Schneckengetrieben wird bewußt ein Einlaufverschleiß-
vorgang bewirkt. Hierbei strebt man an, daß die Schnecke
auf der Schneckenradflanke zunächst ein begrenztes Tragbild erzeugt, das wegen der Schmierspaltgeometrie von der
Zahnmitte geringfügig zur auslaufenden Seite der Flanke
verschoben ist. Die erhöhte Hertzsche Pressung des begrenz-
ten Tragbildes bewirkt im Zusammenhang mit dem günstig aus-
gebildeten Schmierkeil einen gesteuerten Einlaufverschleiß.
Durch diese Maßnahme kann sich das Tragbild unter Last in
der gewünschten Weise bis zum vollständigen Ausbilden des
tragenden Bereichs über die gesamte Flanke vergrößern. Die
Zahnflanken des Schneckenrades werden zu diesem Zweck mit
einer Anfangsballigkeit gefertigt, die mit herkömmlichen
Mitteln geometrisch schwierig erfaßbar ist. Man kann jedoch
auf diese Anfangsballigkeit nicht verzichten, da geringe
Maßabweichungen von Verzahnung, Wellen, Lager und Gehäuse
zum Kantentragen führen würden. Die Verzahnung ist dann an
diesen Stellen örtlich überlastet und eine gute Schmier-
mittelzufuhr nicht sichergestellt. An der Verzahnung können
schwerwiegende Schäden auftreten, bei denen auch die Schnecke
als formgebendes Element ausfällt.

Bei wirtschaftlicher Werkzeugausnutzung müssen darüber
hinaus zwischen den einzelnen Nachschliffzuständen des Werkzeugs Toleranzen zugelassen werden, die nur mit einer ge-

wissen Balligkeit der Flanke aufnehmbar sind, wie noch gezeigt wird.

Daraus folgt, daß zwischen der Getriebeschnecke und der Wälzfräserhüllschnecke noch zu bestimmende Unterschiede (Korrekturen) bestehen, die den geforderten Effekt erzielen. Über die geometrischen Bedingungen hinaus sind am Schneckenradwälzfräser technologische Gesichtspunkte zu berücksichtigen, nämlich die Herstellbarkeit des Werkzeugs und die Werkzeugausnutzung beim Verzahnen. Ferner ist zu beachten, daß für Schneckengetriebe der Großserie andere Bedingungen an das Werkzeug gestellt werden (z.B. hohe Standmenge, häufige Nachschleifbarkeit) als für Genauigkeitsschneckengetriebe von Werkzeugmaschinen oder für Positionieraufgaben (z.B. exakte und konstante Werkzeuggeometrie). In der Großserie werden Werkzeuge zugelassen, die starke Anfangsballigkeiten erzeugen. Damit können große Toleranzen aufgefangen werden, wobei durch den Einlaufverschleiß eine Spielvergrößerung entsteht. Präzisionsgetriebe fertigt man mit Werkzeugen, die geringe Balligkeiten erzeugen. Hierbei ist der Einlaufverschleiß minimal, da eine Spielvergrößerung unerwünscht ist.

Die Anforderungen an die Verzahnungsgeometrie sind demzufolge außerordentlich vielseitig und unterliegen von Fall zu Fall nicht den gleichen Optimierungskriterien. In der Aufgabenstellung wurde dieser Sachverhalt berücksichtigt und eine allgemeingültige Behandlung des Themas vorgeschrieben.

3. AUFGABENSTELLUNG

Im Rahmen der Untersuchung waren drei Schwerpunkte zu bearbeiten, die wie folgt zusammengefaßt werden können:

- Geometrische Zuordnung zwischen Wälzfräser und Schneckenrad

Gegenüber dem Wälzfräsen von Zylinderrädern enthält das Schneckenradwälzfräsen einige besondere Merkmale, wie z.B. die Abhängigkeit der erzeugten Flankengeometrie vom Nachschliffzustand, d.h. vom Durchmesser des Wälzfräsers. Diese Merkmale, die von ihrer Auswirkung her bekannt sind, sollen rechnerisch mit Hilfe eines EDV-Programmes untersucht werden.

- Überprüfung der Schneckenrad-Wälzfräsverfahren

Unterschieden durch die Zustell- und Vorschubbewegung beim Schneckenrad-Wälzfräsen bezeichnet man die Fräsverfahren als Tangential- oder Radialfräsen, wobei letzteres die bessere Zerspanleistung ermöglicht. Allerdings entsteht beim Radialfräsen unter bestimmten Bedingungen Flankenverschnitt, so daß dieses Verfahren in Extremfällen nicht einsetzbar ist. Die Grenzen sind durch ein Rechenprogramm zu erfassen.

- Geometrie des Wälzfräser-Anschnittes (Anspitzung)

Im Tangentialverfahren werden Wälzfräser mit Anschnitt eingesetzt, d.h. mit einer hinterschliffenen Anspitzung des Fräsers. Hiermit soll eine gleichmäßige Belastung aller Fräserzähne erzielt werden. Die Auswirkung der Anschnittform auf die Spanquerschnitte soll rechnerisch erfaßt und mit praktischen Beispielen verglichen werden.

4. PROBLEMLÖSUNG

Unter Beibehaltung der in der Aufgabenstellung vorgenommenen Gliederung ist nachfolgend die Lösung der Teilprobleme beschrieben, wobei die bereits in diesem Zusammenhang ver-

öffentlichte und im Anhang angeführte Literatur als Er-
gänzung dienen soll.

4.1 Geometrische Zuordnung

Es bestand ursprünglich die Aufgabe, den geometrischen Zusammenhang zwischen Wälzfräser und Schneckenrad rechnerisch
zu erfassen. Dieses Problem mußte wesentlich erweitert werden, da bei einer geometrischen Betrachtung letztlich die
Eingriffsverhältnisse im Getriebe interessieren und daher
außer dem Fräser auch die Getriebeschnecke als beeinflussen-
der Parameter zu untersuchen ist. Weiterhin stellte sich
heraus, daß die Geometrie von Wälzfräser und Getriebeschnecke
nur sinnvoll durch ihre Erzeugungswerkzeuge (Schleifscheiben) beschreibbar sind. Aus diesen Gründen war die gesamte
kinematische Kette der zusammenwirkenden Elementpaare zu
programmieren. Abb. 1 zeigt diese Paare prinzipiell.

Oben im Bild sind die Schleifscheiben zur Werkzeugbearbeitung
angedeutet. Die aktive Schneidkante des Wälzfräsers ergibt
sich als gemeinsame Kante der Kopffreifläche (linke zylindri-
sche Schleifscheibe), der Flankenfreifläche (mittlere finger-
förmige Schleifscheibe) und der Spanfläche (rechte teller-
förmige Schleifscheibe). Dominierenden Einfluß auf die
Flankenform des Schneckenrad-Wälzfräsers hat die Schleifscheibe für die Flankenfreifläche. Die Spanfläche ist wegen
der eindeutigen Reproduzierbarkeit beim Werkzeugnachschliff
meist ein ebener Achsschnitt. Obwohl auch mit der Spanfläche
Korrekturen erzeugt werden können (hohler, balliger und ge-
neigter Anschliff), wird dieser Weg meist nicht gewählt und
statt dessen nur die Form der Flankenfläche bzw. die Steigung
des Fräsers korrigiert.

Die Kante zwischen der Flankenfreifläche und der Kopffreifläche wird mit einem Radius verrundet, um die Standzeit des
Wälzfräsers zu erhöhen und die Zahnfußausrundung am Rad zu
erzeugen. Da der Radienbereich bei Unterschnitterscheinungen

an der Flanke formgebend ist, darf dieser im Rechenprogramm nicht vernachlässigt werden. Eine allgemeingültige Berechnung muß einen möglichen Unterschnitt berücksichtigen. Das Schleifen des Werkzeugs ist ein Formverfahren. Beim Bearbeitungsprozeß existiert zwischen der Schleifscheibe und der Fräseroberfläche eine gemeinsame Berührlinie, die sogenannte Charakteristik. Im Gegensatz zu dem nachfolgend beschriebenen Wälzverfahren bestimmt die Charakteristik beim Formverfahren das endgültige Profil auf ihrer gesamten Länge und nicht nur ein Stück eines Hüllpolygons.

Das Schneckenrad wird in einem Wälzfräsverfahren hergestellt. Zur genauen Betrachtung der geometrischen Verhältnisse sind die aktiven Schneidkanten im Zusammenhang mit der Werkzeugbewegung von Interesse. Verbindet man nämlich alle aktiven (formgebenden) Schneidkanten des Wälzfräsers durch eine gedachte Schraubenfläche, so erhält man eine Schnecke, die mit dem Schneckenrad wie in einem Getriebe abwälzen kann. Die gedachte Schnecke wird als Werkzeughüllkörper bezeichnet, wobei man zunächst von idealen Verhältnissen ausgeht. Die wesentliche Annahme ist hierbei, daß beliebig viele Schneidkanten vorhanden sein könnten, die tatsächlich formgebend sind und weder unter der Schnittkraft elastisch nachgeben noch durch Aufbauschneiden oder Spiel im Getriebezug der Wälzfräsmaschine eine andere Geometrie erzeugen.

Ebenfalls werden in dieser Programmkette nicht die Unterschiede der Einzelzähne (Fräserzahngeometrie im Anschnittbereich) des Fräsers betrachtet, wie dies zur Beurteilung der Zerspanvorgänge im Anschnittbereich erforderlich ist. Die Vorgehensweise für dieses technologische Problem und das hierzu erstellte Rechnerprogramm werden später beschrieben und dem geometrischen Rechenverfahren gegenübergestellt.

Die Eingriffsverhältnisse von Rad und Werkzeughüllkörper unterliegen den gleichen Gesetzmäßigkeiten, wie Rad und Getriebeschnecke, so daß die selben Rechenprogramme mit entsprechend unterschiedlichen Eingabedaten verwendbar sind. Allerdings scheint es sinnvoll, für das Getriebe auch die

elastischen Verformungen zu untersuchen und den Einfluß auf
die Eingriffsverhältnisse zwischen Rad und Getriebeschnecke
zu bestimmen.

Zur Bestimmung der genauen Eingriffsverhältnisse muß eine
Definition der wirksamen Balligkeiten vorgenommen werden,
die eine genauere und umfassendere Aussage liefert als das
Tragbild. Das Tragbild wird nämlich beim Abwälzen des Rad-
paares und dauerndem Flankenkontakt erzeugt. Dabei werden
die Bereiche der Flanke sichtbar, die zur Bewegungsüber-
tragung herangezogen worden sind. Je nach Art des Verfahrens
und Schichtdicke des Tuschiermittels läßt sich noch eine
Zone feststellen, in der sich die Zahnflanken auf wenige
/um genähert, jedoch nicht berührt haben.

Unberücksichtigt bleibt stets die Einflankenwälzabweichung;
denn zu der Winkelgeschwindigkeit der Schnecke stellt sich
die des Schneckenrades immer so ein, daß gerade Flankenkontakt besteht. Das heißt, daß zur Beurteilung der Flanke
das Tragbild nicht ausreicht, da z.B. ein gutes Tragbild
vorliegen kann, jedoch die Höhenballigkeit viel zu stark
ist. Andererseits ist die Betrachtung der Einflankenwälzabweichung ebenfalls nicht hinreichend, weil eine Aussage
über die wirksame Breitenballigkeit fehlt.

Es wurde deshalb eine Definition gewählt, die mit "Ease-
Off" bezeichnet wird und sowohl die Aussage der Einflankenwälzabweichung als auch die des Tragbildes enthält.

Dreht man Schnecke und Schneckenrad entsprechend ihrem Zähnezahlverhältnis mit konstanter Winkelgeschwindigkeit, so
nähert sich aufgrund der Wälzbewegung die Schnecke einem
gewählten Punkt der Schneckenradflanke bis auf einen bestimmten Abstand. Dieser Abstand, bezogen auf beliebige
Punkte der Schneckenradflanke, ist die Ease-Off-Topographie
der Flanke. Der Ease-Off-Abstand ist mindestens in einem
Punkt Null und sonst stets positiv. Er wäre nur in dem Fall
gleichbleibend Null, wenn sowohl das Tragbild geschlossen
als auch die Einflankenwälzabweichung Null ist. Damit kann

die Ease-Off-Topographie als der zugeordnete minimale Abstand zwischen der Schneckenradflanke und der mit dem Zähnezahlverhältnis abgewälzten Schneckenflanke bezeichnet werden. Sie entspricht somit dem Tragbild, dem die Einflankenwälzabweichung überlagert ist.

Rechnerisch sieht das Problem so aus, daß auf einem vorgebbaren, für die Berechnung feststehenden Projektionsgitter zunächst die Schneckenradflanke mit Hilfe der Wälzfräsergeometrie und der Maschinenkinematik generiert wird. Passend zu diesem Gitter ist dann im selben Koordinatensystem mit Hilfe der Getriebeschnecke und der Geometrie des Getriebes eine zweite Schneckenradflanke rechnerisch zu erzeugen. Zur Verdeutlichung dient nochmal Abb. 1. Aus dem Wälzfräsprozeß wurde das "reale Soll-Rad" generiert, aus dem Getriebe das "ideelle Soll-Rad". Beide Räder lassen sich im Rechner wie bei einem Meßvorgang vergleichen. Zur leichteren Vorstellung nehme man an, eins der beiden Schneckenräder sei ein Hohlrad, das genau über das andere gesteckt wäre.

Jedem Gitterpunkt kann nun ein Verdrehflankenspiel zugeordnet werden, das durch rechnerisches Verdrehen eins der beiden Räder (Koordinatentransformation) an mindestens einer Stelle zu Null gesetzt wird (d.h. Flankenanlage) und sonst positive Werte hat. Eine Projektion des korrigierten Verdrehflankenspiels in Richtung der Flankennormalen ergibt schließlich die Ease-Off-Abstände.

Die mathematischen Zusammenhänge sind in der Literaturstelle [3] beschrieben und sollen hier prinzipiell erläutert werden.

Entsprechend der Herstellmethoden als Form-Schneidverfahren für die Schnecke und als Abwälz-Schneidverfahren für das Schneckenrad sind auch bei der Berechnung zwei unterschiedliche Berechnungsansätze verwendet worden.

Beim Formverfahren existiert im erzeugten Punkt eine gemeinsame Tangentialebene an die Schleifscheibe und die Schnecke,

die durch die Koordinaten des Punktes und die Flächennor-
male eindeutig gegeben ist. Jedem Profilpunkt der rota-
tionssymmetrischen Schleifscheibe kann daher ein erzeugter
Gegenpunkt zugeordnet werden. Wegen der besseren Übersicht
und des einheitlichen Programmaufbaus wurde zur Lösung ein
Iterationsverfahren gewählt. Hierbei verdreht man die
Schleifscheibe durch Koordinatentransformation so lange,
bis nach ca. 5 Schritten die Tangentialebene an den Schleif-
scheibenpunkt mit der Tangentialebene an den erzeugten
Schneckenpunkt mit ausreichender Genauigkeit übereinstimmt.
Die punktweise gewonnene Charakteristik muß dann in den
Achsschnitt gedreht werden. Das Rechenprogramm sieht auch
die Herstellung mit feststehenden Werkzeugen (Drehstählen)
vor. Die Werkzeugschneidkante kann als Charakteristik ange-
sehen werden, so daß im Programm lediglich der erste Teil
entfällt und die Drehung in den Achsschnitt sofort erfolgt.

Das Ergebnis des Programmes ist die punktweise numerische
Beschreibung des Schneckenprofils in einem Achsschnitt. Ausgegeben werden die kartesischen Koordinaten der Profilpunkte,
die dazugehörigen Achsschnitt-Profilwinkel und eine Inter-
polationskonstante zur Beschreibung der Flankenkrümmung.
In dem folgenden Programm zur Generierung der Schneckenradflanke werden diese Ergebnisse als Eingabegrößen verwendet.

Das Schneckenradgenerierungsprogramm arbeitet ebenfalls
mit einem Iterationsverfahren. Das Kriterium einer gemein-
samen Tangentialebene muß zwar bei den Wälzverfahren auch
erfüllt sein, allerdings ist es nicht hinreichend. Außerdem
müssen hier die Normalgeschwindigkeitskomponenten der beiden abwälzenden Flanken übereinstimmen. Andernfalls würden
die Flanken momentan voneinander abheben oder ineinander
eindringen.

Zum Verständnis des Rechenablaufs stelle man sich einen
Kreisbogen um die Achse des Schneckenrades vor, der von
einem Punkt des vorgegebenen Projektionsgitters ausgeht.
Gesucht ist der Durchstoßpunkt dieses Kreisbogens durch

die zu bestimmende Flanke. Die erste geometrische Bedingung zur Erzeugung eines Flankenpunktes ist, daß sich der genannte Kreisbogen und die Profillinie schneiden. Hierzu wird die Profillinie unter Beachtung der Schränkungswinkel zwischen Radachse und Schnecke um die Schneckenachse räumlich bis zum Schneiden gedreht, so daß der Schneckenpunkt und seine Normalen im Koordinatensystem des Schneckenrades beschreibbar sind. Verdreht man das Getriebe um einen infinitesimalen Betrag, so muß die Wälzbedingung erfüllt sein: die gemeinsame Normale muß durch den Wälzpunkt bzw. die Wälzgerade gehen oder gleichbedeutend: die Normalgeschwindigkeitskomponenten müssen gleich groß sein.

Das Programm ändert die Wälzstellung des Getriebes iterativ so lange, bis auch diese Bedingung erfüllt ist. Dabei muß die schneidende Profillinie entsprechend nachgeführt und der neue Schnittpunkt berücksichtigt werden.

Das Ergebnis dieser Berechnung liefert die Flankenpunkte und Normalen in Koordinatenschreibweise, wie sie zur 3D-Messung oder zur nachfolgenden, rechnerinternen Bestimmung der Ease-Off-Topographie verwendbar ist.

Diese Topographie kann noch als axonometrisches Bild aufgezeichnet werden. Hierbei ist ein konstantes Basisgitter vorgesehen, in dessen Knotenpunkten senkrechte Linien im angegebenen Maßstab aufgetragen sind. Zur besseren Vorstellbarkeit werden vom Programm die Endpunkte der Linien durch ein zweites Gitter verbunden und außerdem mit zwei Farben geplottet. Hierdurch erhält der Betrachter sofort ein klares Bild über die geometrischen Verhältnisse, die äußerst komplizierten und formelmäßig nicht darstellbaren Entstehungsgesetzen unterliegen.

Alle angeführten Programme wurden für den Tischrechner HP 9830 geschrieben, so daß die Ergebnisse bereits im Konstruktionsbüro im Entwurfsstadium von Werkzeugen und Getrieben vorliegen. Die Brauchbarkeit der Rechenverfahren wurde in zwei Industrieunternehmen erprobt. Die Ergebnisse stimmen mit den praktischen Erfahrungen überein.

Zur weiteren Kontrolle diente der Einsatz einer 3D-Meßmaschine (UMM-500 der Firma Carl Zeiss, Oberkochen), die während der Forschungsdauer im Rahmen des DFG-Vorhabens "Kegelradmessung" zur Verfügung stand. Mit Hilfe dieser Meßmaschine ist ein punktweiser Vergleich der numerisch bestimmten Sollflanke mit der Istflanke des Schneckenrades möglich [2]. Dadurch bestand schon im Teststadium der Programme eine wertvolle Hilfe, die auch später im Vergleich der Rechnersimulation zu den tatsächlich gefertigten Verzahnungen eingesetzt werden konnte. Obwohl dies nicht Inhalt dieses Vorhabens war, wurde die 3D-Messung zum wesentlichen Bestandteil dieser Untersuchung. Es soll deshalb kurz das Meßprinzip erläutert werden.

Das zu messende Rad wird auf den Tisch der Maschine gespannt, Abb. 2. Ein mechanisches Ausrichten kann entfallen, da das Koordinatensystem des Rades mit Hilfe des angeschlossenen Tischrechners in das Koordinatensystem der Maschine transformiert werden kann. Dazu ist die Antastung einiger Referenzpunkte notwendig.

Als Ergebnis des Meßvorgangs werden die Abweichungen der Istflanke in Normalenrichtung ausgegeben, die für dieses Problem von Interesse sind. Auf die entwickelte Meßmaschinensoftware [3] soll hier jedoch nicht eingegangen werden, sondern weiter auf die Programme zum "Schneckenradwälzfräsen".

Über die Kleinrechnerprogramme hinaus wurde eine Großrechnerversion in Unterprogrammtechnik entwickelt. Der Aufruf und die wahlweise Kombination der einzelnen Programmteile erfolgen mit Kennziffern, so daß verschiedenste Probleme mit demselben Programm lösbar sind, z.B. auch die Rückrechnung von einer gegebenen Schnecke auf eine entsprechende Schleifscheibe. Detaillierte Angaben sind in der Programmbeschreibung SF1 [6] enthalten. Die Großrechnerversion dient vor allem zur Durchführung von Reihenrechnungen und Parameterstudien, für die der Tischrechner zu langsam ist. Bei-

spielsweise dauert die iterative Berechnung eines Schnecken-
rad-Flankenpunktes aus den Daten von Maschine und Wälzfräser
ca. 0,05 sec auf dem Großrechner (CDC 6400), jedoch ca. 12
sec auf dem Tischrechner (HP 9830).

Da ein Plotter an den meisten Großrechenanlagen nicht zur
Verfügung steht, wurde für die Großrechnerversion der Programme eine graphische Ausgabe als Balkendiagramm vorgesehen. Eine Gegenüberstellung der beiden Möglichkeiten
zeigt Abb. 3.

Rechts im Bild ist die Plotterausgabe dargestellt. Auf einem axonometrisch gezeichneten, rechteckigen Basisgitter be-
zeichnen die senkrechten Linien in den Schnittpunkten der
Gitterlinien die jeweiligen Ease-Off-Abstände im neben-
stehenden Maßstab. Die Endpunkte der Linien sind mit einem
gestrichelten (im Original roten) Gitter verbunden, um den
räumlichen Eindruck der Topographie zu verbessern. Links im
Bild ist das Balkendiagramm des Großrechnerausdruckes wiedergegeben. Die drei waagerechten Teile des Diagrammes mit jeweils fünf Balken entsprechen den drei mal fünf Gitterlinien
der rechten Darstellung. In diesem Beispiel ist die Balligkeit etwa gleichmäßig über die Zahnbreite verteilt. Die
Flankenrücknahme ist am Kopf etwas stärker als am Fuß. Der
Maximalwert beträgt etwa 14 μum.

Entsprechend der Vielzahl der in das Programm einzugebenden
Ausgangsgrößen werden alle beeinflussenden Parameter exakt
berücksichtigt. Dies ist mit Diagrammen und Näherungsglei-
chungen nicht möglich. Darüber hinaus kann eine Beurteilung
der räumlichen Topographie am besten durch eine graphische
Darstellung erfolgen; denn die Anforderungen an das Tragbild
sind von Fall zu Fall unterschiedlich und durch einfache Zah-
lenwerte nicht quantifizierbar. Vereinfachende Richtwerte
zur Auslegung von Werkzeugen für Schneckenräder sind in der
Praxis bereits vorhanden. Was bisher fehlte, war ein Rechenverfahren mit geringem Aufwand, das auch für Extremwerte der
einzelnen Parameter (z.B. große Steigungswinkel) Anwendung
finden kann.

Als Ergebnis dieser Untersuchung soll daher nicht eine weitere Näherungsformel aufgestellt, sondern dem Anwender ein exaktes Verfahren zur Simulationsrechnung in die Hand gegeben werden. Wie mit diesem Verfahren beispielsweise der Nachschliffzustand eines Wälzfräsers zu überprüfen ist, zeigt Abb. 4.

Der Wälzfräser-Mittendurchmesser durchläuft gegenüber dem Nennmaß d_A (Auslegungsdurchmesser) die Stadien +5 %, +2 %, -2 % und -5 %, für die sich die entsprechenden Fräserschwenkwinkel und Erzeugungs-Achsabstände errechnen. Die Verzerrung der Ease-Off-Topographie ist bei einer Durchmesserdifferenz von 2 % noch relativ gering. Dies ist der Bereich, der auch in der Praxis beim Auslegen von Wälzfräsern eingehalten wird. Bei mehr als 5 % Durchmesservergrößerung des Fräsers erhält man für dieses Beispiel eine starke Tragbildverkleinerung, die beim Einlaufen des Getriebes zu erhöhter Flächenpressung und zu Flankenschäden führen kann. Die Durchmesserverkleinerung von mehr als 5 % bewirkt bei diesem Beispiel eine Tragbildvergrößerung bis zum Diagonaltragen. Der Radsatz wird dadurch verlagerungsempfindlich, so daß unter Berücksichtigung der Getriebenachgiebigkeit und der Einbautoleranzen ein Kantentragen und daraus resultierende Schäden erwartet werden müssen.

4.2 Schneckenrad-Wälzfräsverfahren

Durch die Einführung des anfangs beschriebenen, unabhängigen Projektionsgitters ist die Untersuchung der Fräsverfahren durchführbar.

Im Gegensatz zum Tangential-Verfahren, bei dem Schneckenrad und Wälzfräser immer einen konstanten Achsabstand beibehalten und im Sinne eines Zahnstangentriebes abgewälzt werden, treten beim Radialfräsen durch die Tauchbewegung einige geometrische und technologische Besonderheiten auf:

1) Schlittenwege und Fräszeiten sind im allgemeinen kürzer,
   Spanaufteilung und Krafteinleitung günstiger (Vorteile
   des Verfahrens).

2) Der Fräser muß zum Auswälzen im Eingriffsbereich eine
   bestimmte Mindestlänge aufweisen oder es ist ein zusätz-
   licher Tangentialweg vorgesehen. (Schruppfräser für die
   Vorbearbeitung können kürzer sein.)

3) In Abhängigkeit von der Anzahl der aktiven Schneidkanten ergeben sich beim Abwälzvorgang Hüllschnittmarkierungen, die das Verfahren für große Steigungswinkel bei kleiner Fräserstollenzahl und hohen An-
   sprüchen an die Flankenqualität ausschließen.

4) Beim radialen Tauchen können Verschneidungen entstehen,
   die beim Verschrauben des Getriebes nicht auftreten.

Besondere Beachtung verdient der vierte Punkt, der zunächst
betrachtet werden soll. Das Phänomen zeigt sich vor allem
bei großen Steigungswinkeln, kleinem Eingriffswinkel sowie
großer Breite des Schneckenradzahnes und ist von der Vorstellung her wie folgt zu erklären:

Im Mittenschnitt des Schneckentriebes liegen die Verhältnisse eines Zahnstangentriebes vor, bei dem das Schneckenpro-
fil im allgemeinen symmetrisch ist. In einem Parallelschnitt
dazu liegt wieder ein Zahnstangentrieb vor, jedoch ist das
Profil verzerrt und in Richtung des Steigungswinkels geneigt.
Der Profilschnitt zeigt einen sägezahnartigen Verlauf der
Flanken, wobei negative Winkel im Eingriffspunkt des Schnitt-
profils entstehen können. Bewegt man in diesem Schnitt die
Zahnstange radial, so werden Teile der Schneckenradflanke ver-
schnitten.

Die geometrischen Grenzen, bis zu denen noch radial gefräst
werden kann, sind global allgemein bekannt. Für den Anwender
ist dagegen eine quantitative Aussage über die Größe, die
räumliche Lage und den Entstehungszeitpunkt des Radialver-
schnittes für den Einzelfall sinnvoll. Hierzu müssen alle

Parameter exakt in ein erstelltes Rechenprogramm eingegeben
werden, um ihre gegenseitige Abhängigkeit zu berücksichtigen:

Zähnezahl, Kopfhöhe und Breite des Rades; Zähnezahl (Gangzahl), Flankenform, Kopfhöhe und Kopfabrundung der Fräser-
Verzahnung; Schwenkwinkel, Durchmesser und Nenn-Achsabstand
aus dem Nachschliffzustand des Fräsers.

In einem Anwendungsbeispiel zur Nachrechnung des Schnecken-
radwälzfräsers für einen Schneckentrieb mit 7-gängiger
Schnecke ist Radialverschnitt zu erwarten. Konstruktive
Änderungen zu dessen Vermeidung sind nicht durchführbar.
Das Schneckenrad soll deshalb in zwei Arbeitsgängen erst
radial geschruppt und anschließend tangential fertiggefräst
werden.

Bei der Nachrechnung der Fräser diente die mit dem Fertig-
fräser tangential bearbeitete Flanke als Ausgangsbasis. Auf
einem vorgegebenen Gitter wurde diese Flanke rechnerisch
generiert und dann mit der Flanke verglichen, die sich bei
schrittweiser Achsabstandsveränderung des Schruppfräsers
ergibt. Hierbei trat an keiner Stelle der Flanke und in
keinem Achsabstands-Stadium eine Durchdringung der Flanken
ein. Der minimale Abstand, der sich auf jedem Projektions-
radius des feststehenden Gitters über die gesamte Radialzu-
stellung ergab, stellt das Schlicht-Aufmaß für die Fertig-
bearbeitung dar.

Vergrößert man im Rechenprogramm den Erzeugungs-Achsabstand
ausgehend vom Fertigmaß, so kann in jedem Zwischenstadium
untersucht werden, ob ein Radialverschnitt eingetreten ist.
Dazu müßte ein Werkzeugpunkt bei vergrößertem Achsabstand
eine breitere Zahnlücke generieren als im Fertigzustand.
Die Überprüfung erfolgt durch den Vergleich der paarweise
zugeordneten Punkte auf den feststehenden Projektionsradien.
In Abb. 5 ist das Ergebnis einer Berechnung mit auftreten-
dem Radialverschnitt graphisch dargestellt.

Die Hüllschnittmarkierungen bilden ebenfalls eine Grenze
für das Radial-Fräsverfahren. Um den Einfluß der Hüllschnittmarkierungen auf die Laufeigenschaften des Getriebes ab-
schätzen zu können, müssen diese Abweichungen von der idealen
Flankenform numerisch erfaßt werden können. Dazu dient das
im folgenden beschriebene Rechenprogramm, das in seiner
Methode von den bisher beschriebenen Programmen abweicht.

Der Wälzfräser wird nicht mehr als geschlossener Werkzeughüllkörper betrachtet, also mit unendlich vielen Schneiden,
sondern als reales Werkzeug mit diskreten Schneiden. Analog
zum tatsächlichen Zerspanvorgang wird im Rechner ein zunächst unverzahnter Radkörper Span für Span bis zur vollständigen Zahnlückenausbildung geschnitten. Zur Beschreibung
dieses Vorgangs dienen einzelne Ebenen im Radkörper, die
vom Fräserzahn durchdrungen werden. Bei jedem Span vegrößert
sich die Zahnlücke, so daß in jedem Stadium nicht nur die
aktuelle Zahnlückenform, sondern auch die Spanform festge-
stellt werden kann.

Dieses Verfahren war für Zylinderräder bereits entwickelt
[5] und prinzipiell auch für Schneckenräder anwendbar. Zur
genaueren Untersuchung der Verhältnisse beim Wälzfräsen von
Schneckenrädern (vor allem des Fräseranschnittes) wurde das
Programm modifiziert, wie im nächsten Kapitel noch beschrieben wird.

Die Hüllschnittmarkierungen entstehen durch die begrenzte
Stollenzahl des Fräsers, durch welche die Flanke polygon-
artig ausgebildet wird. Die Polygonflächen tangieren die
theoretische Sollflanke. Zwischen den Tangenten hat die
Flanke ein Aufmaß. Da die Berührlinien der Verzahnung und
die Schnittlinien der Polygonflächen nicht zusammenfallen,
ist die Auswirkung relativ klein, wie auch an Kegelrädern
beobachtet wurde [4]. Mit den nun vorgestellten Rechenpro-
grammen können die Berührlinien und die Polygon-Erhebungen
errechnet werden, und es läßt sich die resultierende Einflankenwälzabweichung ermitteln, die am nicht eingelaufenen
Getriebe entsteht. Da die Polygon-Erhebungen auf der

Schneckenradflanke durch den Einlaufverschleiß zuerst abge-
tragen werden, nimmt der Fehler schon in den ersten Betriebs-
minuten merklich ab, wie eine Messung des Einflankenwälz-
fehlers während des Einlaufvorgangs an einem dreigängigen
Schneckengetriebe zeigte.

Bei Schneckenrädern, deren Flanken hohen Genauigkeitsan-
forderungen genügen sollen, ist jedoch darauf zu achten,
daß die Gangzahl des Fräsers weder in der Zähnezahl des
Rades noch in der Zahl der Spannuten des Fräsers ganzzahlig
teilbar ist. Damit wird der Einfluß der Hüllschnittmarkierungen
auf das Laufverhalten des Schneckenrades optimiert.

4.3 Fräseranschnitt

Die Ausbildung des Fräser-Anschnittes (Anspitzung) zum Tangentialfräsen von Schneckenrädern unterliegt nicht nur geometrischen, sondern vor allem technologischen Kriterien. Es besteht das Ziel, die Spandicke möglichst gleichmäßig auf
mehrere Zähne zu verteilen, da zu dünne Späne ein Quetschen
des Werkzeuges verursachen können und zu dicke Späne den
Fräser örtlich überlasten. Beide Fälle führen zu einem er-
höhten Verschleiß gegenüber einer optimalen Fräserausle-
gung.

Wie die Erfahrungen aus dem Bereich der Zylinderrad-Ferti-
gung zeigen, können geometrische Betrachtungen der Span-
bildung und Spanaufteilung mit Hilfe einer Rechnersimulation die experimentellen Untersuchungen wesentlich unter-
stützen. Das vorhandene Programm FRS1 [6] ist in der Lage,
die Spanquerschnitte in parallelen Ebenen (Stirnschnittebenen oder Mitten-Normalenebenen) zu berechnen, die beim
Gegenlauffräsen auf der auslaufenden und beim Gleichlauf-
fräsen auf der einlaufenden Fräserseite bis zu Fräsermitte
angeordnet sind.

Für die Zylinderradherstellung ist die Ebenenanordnung hinreichend. Die Spanungslänge ist gering, d.h. die Ebenen
weichen nur um einen kleinen Winkel von der durchdringenden

Fräser-Spanfläche ab. Ebenfalls treten die maßgebenden Späne nicht über den gesamten eingetauchten Bogen des Fräsers auf, Abb. 6.

Beim Schneckenradfräsen entstehen dagegen andere Verhältnisse. Der eingetauchte Bogen des Wälzfräsers ist wegen der üblichen Hohlkehle des Schneckenrades größer. Das bedeutet, daß die Spandickendarstellung in parallelen Ebenen nur eine stark verzerrte Projektion der tatsächlichen, momentanen Spandicke an der Schneidkante darstellt. Außerdem fehlt beim Schneckenradfräsen der Vorschub axial zum Werkrad, so daß praktisch über der gesamten eingetauchten Bogenlänge Späne gebildet werden. Das Programm für Zylinderräder sieht außerdem nicht die systematische Beschreibung und Verwendung beliebiger Anschnittkonturen vor, wie diese zum Tangentialfräsen üblich sind. Es lassen sich zwar die Profilkonturen einzelner Zähne punktweise vorgeben, für die Beschreibung der Zähne des gesamten Anschnittbereiches ist diese Methode jedoch wenig geeignet. Die Anschnittkontur sollte durch wenige Parameter einfach veränderbar und mathematisch leicht zu beschreiben sein, um Vergleichsrechnungen durchführen zu können und eine technische Realisierung der Kontur zu ermöglichen.

Für die Zylinderräder erfolgt die rechnerische Darstellung der Zerspankinematik in parallelen Schnittebenen, die jedoch zur Berechnung von Schneckenrädern nicht sinnvoll erscheinen, da der zu verzahnende Teil des Schneckenrades ein Torus-Ausschnitt ist. Sie sollen nur als Sonderfall beibehalten werden.

Die Aufgabe ist zunächst die systematische Untersuchung verschiedener Ebenensysteme auf ihre Verwendbarkeit für die Schneckenradberechnung. Es sind vier grundsätzliche Ebenenarten möglich, die in Abb. 7 dargestellt sind. Allerdings lassen sich nur die ersten drei in einem zweidimensionalen Koordinatensystem beschreiben, mit dem das Zylinderradprogramm arbeitet. Die Ebenen verlaufen entweder parallel (Ebenenart 1) oder sind um den Winkel Δ gegeneinander gefächert (Ebenenart 2 bis 4). Alle Ebenen schließen die y-

Achse (Fräserachse) ein, die um den Winkel δ_1 gegenüber der Stirnfläche des Rades geschwenkt ist. Der Schwenkwinkel δ_1 ergibt sich aus der Fräsergeometrie und der Geometrie des zu fertigenden Schneckenrades. Für $\delta_1 = 0$ ergeben sich die in Abb. 7 bezeichneten Sonderfälle. In den Ebenen liegen in regelmäßigen Abständen rechtwinklig zur y-Achse Geraden, deren Längen durch die Oberfläche des Radkörpers begrenzt werden. Die Geraden sind in den Ebenenarten 1 bis 3 parallel, in der Ebenenart 4 dagegen um die y-Achse verschraubt. Die Schraubenfläche der Ebenenart 4 erfordert deshalb eine Beschreibung in 3 Koordinaten, bzw. 2 Koordinaten und einem Schraubungswinkel β_e.

Die vier Ebenenarten wurden programmiert und miteinander verglichen.

Für das Schneckenradprogramm erwies sich die Ebenenart 4 als vorteilhaft. Hierbei entstehen nur geringfügige Verzerrungen der wahren Spangeometrie. Das ebene Berechnungsverfahren kann beibehalten werden, da die Schraubenfläche durch eine Gerade erzeugt wird und deshalb eine abwickelbare Regelfläche darstellt. Diese Voraussetzung ist wichtig, denn ebene Schnittprobleme sind wesentlich einfacher zu behandeln.

Die Bestimmung der Radkörper-Schnittfigur in den einzelnen Ebenen kann punktweise durch die Geraden erfolgen, wenn ihre Länge, ihre Winkellage und ihre Verschiebungen auf der y-Achse bekannt sind.

Es ergibt sich für jede der einzelnen Geraden ein Durchstoßpunkt auf der Rohkontur des Schneckenrades, der als Schnittpunkt der Spuren eines Stirnschnittes und eines achsparallelen Schnittes aufgefaßt werden kann.

Während die Schnittfigur des Stirnschnittes ein mathematisch leicht darstellbarer Kreisbogen ist, läßt sich die achsparallele Schnittfigur erst durch Projektion auf einen Achsschnitt mathematisch beschreiben. Es wurde deshalb ein

iteratives Verfahren gewählt, bei dem die im achsparallelen
Schnitt gefundenen Radbreiten-Koordinaten in einen Achsschnitt projiziert und mit den Koordinaten der gewählten
Ebene verglichen werden. Die iterative Abfrage durchläuft
dabei die fünf aus Abb. 8 ersichtlichen Bereiche: Kegelschnitt - Zylinderschnitt - Torusschnitt - Zylinderschnitt
- Kegelschnitt, wobei je nach Eingabedaten auch z.B. die
Kegelschnitte entfallen können, wenn der Rohkörper nicht
angefast ist.

Die charakteristischen Abmessungen der Schneckenrad-Roh-
kontur sind im Bild mit der im Programm verwendeten Be-
zeichnung eingetragen. Neben dem Durchmesser DA2 und der
Radbreite BR sind gegenüber den Zylinderrädern noch die
Anfasung BR1 mit dem Winkel ALBR und der Hohlkehlenradius
RKE mit dem Abstand AR von der Schneckenradachse erforderlich. Hierbei wird Symmetrie des Radkörpers vorausgesetzt.

Die Rechnung erfolgt für alle Ebenengeraden einer Ebene und
sukzessive für die folgenden Ebenen.

Der Anschnitt ist nach Richtung, Zahnschräge und Zahnfolge
in vier Fälle unterscheidbar. Die Parameter, durch die sich
die Fälle kennzeichnen lassen, sind

- die Anschnittlage (links oder rechts)
- die Steigungsrichtung des Fräsers
- die Fräsergangzahl
- die Richtung des Tangentialvorschubs

Das gestellte Problem ist nun, technisch einfach erzeugbare
Anschnittkonturen zu beschreiben, die bei geeigneten Bear-
beitungsparametern eine sinnvolle Spanquerschnittaufteilung
ergeben, d.h. die überwiegenden Spandicken sollen in einem
Bereich liegen, der nach unten durch beginnende Quetscher-
scheinungen und nach oben durch die mechanische oder thermische Belastbarkeit des Werkzeugs begrenzt ist. Ebenfalls
können maximale Spankräfte die Grenze der Spandicke bilden,
wenn Schwingungen oder elastische, statische Verformungen
zu Maß- und Oberflächenfehlern führen.

Von den Werkzeugherstellern werden Anschnittwälzfräser an-
geboten, deren Gestaltung jedoch nur aufgrund von Erfahrungen und Versuchsergebnissen festgelegt wurde. Die
Flanken bleiben dabei aus Herstellungsgründen auch im Anschnittbereich unverändert. Der Anschnitt erfolgt in Form
eines Hüllkegels über eine Länge von 2 bis 7 Teilungen, wobei die Zahnhöhe auf etwa 1/4 der ursprünglichen Höhe zurück-
genommen wird. Die entstehenden Kanten zwischen Flanken und
Zahnkopf werden angefast. Abb. 9 zeigt Wälzfräser, deren
Anschnitte in der beschriebenen Form als Hüllkegel gestal-
tet sind.

Zu einer analytischen Untersuchung dieses Problems und einer exakten Vorausbestimmung der Anschnittkontur, die den
gestellten Anforderungen genügt, fehlten bisher geeignete
Rechenverfahren.

Die im folgenden genannten Unterprogramme dienen der Beschreibung beliebiger Anschnittkonturen, die im Hinblick
auf die Spandickenverteilung untersucht werden können. Als
Hauptprogramm hierzu wurde das vorhandene Programm FRS1 [6],
das der Spandickenberechnung von Zylinderrädern dient, entsprechend modifiziert, indem die zugefügten Aufrufe und
Steuerbefehle die neue Programmorganisation herbeiführen.

Das Unterprogramm ANSKØN bestimmt das Anschnittprofil der
im Anschnittbereich liegenden Fräserzähne punktweise im
Fräserachsschnitt. Die Ausgangsdaten dazu sind:

1) die Profilpunkte der ungeschnittenen Fräserzähne, die
   als Daten eingegeben oder intern als Normalprofil nach
   DIN 3972 errechnet werden,

2) die Mantellinie der Fräseranschnittkontur, die
   - entweder mit Hilfe des Unterprogrammes PØLKØN
     als Polygonzug punktweise in der Form
     $$G_i = (x_i, y_i) \text{ mit } i = 1, \ldots, n$$
     eingelesen werden kann,
   - unter Benutzung des Unterprogrammes PARKØN
     als beliebiger Parabelabschnitt der Form

$$y = ax^n + bx_0 + c$$

aus entsprechenden Eingabedaten errechnet wird oder

- mit dem Unterprogramm KRSKØN als beliebiger Kreis-
  bogenanschnitt der Form
  $$(x - a)^2 + (y - b)^2 = R^2$$

3) die Angabe der Fasenbreite und des Fasenwinkels ge-
   trennt für die rechte und die linke Flanke.

Das Ausgangs-Zahnstangenprofil wird im Rechner mit der gewünschten Anschnittkontur zum Schnitt gebracht, die Kopf-
kürzung vorgenommen und die Kante zwischen Kopf und Flanke
automatisch angefast. Der Rechner speichert das Profil für
jeden Fräserzahn punktweise als Polygonzug ab und bringt
dieses in der richtigen Reihenfolge mit der Zahnlücke aus
der vorangehenden Zerspanung zum Schnitt. Durch die Schnitt-
punkte zwischen den Polygonzügen von Fräserzahn und aktuel-
ler Lückenkontur wird der Querschnitt des vom jeweiligen
Fräserzahn erzeugten Spanes und die neue Lückenkontur bestimmt.

Abb. 10 zeigt auszugsweise den Ergebnisausdruck des Programm-
mes. Jede der waagerechten Linien (im Beispiel sechs) re-
präsentiert die abgewickelte Fräserschneidkante in je einer
Schnittebene. Oben im Diagramm (Ebene 1) taucht der Fräser
in die Zahnlücke ein, unten verläßt er das Werkstück wieder.
In jeder Schnittebene ist die Spandicke über der Schneidkante in Form von Buchstabensymbolen aufgetragen. Den Zah-
len 1 bis 9 und danach den Buchstaben A bis Z sind Spandicken zugeordnet, die im Programm je nach Bedarf gewählt
werden können. Rechts im Diagramm ist der gesamte Spanquer-
schnitt in der betreffenden Ebene angegeben, der bei diesem
Schnitt zerspant wurde.

Der Spanverlauf ist für diese Schnittbedingungen in seiner
typischen Form zu erkennen: beginnend oben links mit der
einlaufenden Flanke - über den Zahnkopf und den Anschnittbereich - endend unten rechts mit der auslaufenden Flanke.

Da bei den Reihenrechnungen beliebige Parameter variiert
werden können, erscheint hier die Rechnersimulation be-
sonders sinnvoll eingesetzt. Ohne gezielte rechnerische
Voruntersuchungen wären praktische Zerspanversuche gar nicht
durchführbar, da spezielle Werkzeuganfertigungen mit erheb-
lichen Kosten und langen Lieferzeiten verbunden sind.

Es wurden konkave, kegelige und konvexe Anspitzungen rechnerisch untersucht, wobei für die gekrümmten Mantellinien
ein parabelförmiger bzw. kreisbogenförmiger Verlauf vorgesehen war.

Konkave Anspitzungen zeigen die ungünstigste Spanaufteilung.
Durch Anpassung der Krümmung an das Kopf-Hyperboloid des
Schneckenrades beginnt der Schnitt gleichmäßig über mehrere
Zähne, verlagert sich dann aber sehr stark auf den Zahn am
Übergang zwischen Anspitzung und zylindrischem Teil. Dieser
Zahn, der außerdem noch die größte Schnittgeschwindigkeit
des Anschnittbereiches aufweist, wird deshalb vorzeitig
verschleißen. Extrem ungünstige Verhältnisse an Einzelzäh-
nen entstehen bei hoher Gangzahl und niedriger Stollenzahl
vor allem dann, wenn wie üblicherweise die Zähnezahl des Rades nicht durch die Gangzahl des Fräsers teilbar ist. Die
Spandicke im Anschnittbereich ergibt sich dabei aus dem
Vorschub und der Zahnhöhendifferenz des Fräsers bei seiner
geänderten Winkelstellung nach einer Umdrehung.

Dieser Effekt ist beim kegelig angespitzten Fräser ebenfalls
vorhanden, jedoch in geringerem Maße. Die Spanflächenver-
größerung und damit auch der Drehmomentaufbau erfolgt im
Schnittbeginn allmählicher als bei der konkaven Ausführung.

Die kegelig angespitzten Fräser haben in der Praxis wegen
ihrer relativ einfachen Herstellung die größte Bedeutung.
Wenn die Übergänge zwischen der kegeligen Fräserkopffläche
und den Freiflächen mit den gleichen Radien wie am zylindrischen Teil verrundet werden, ergibt sich rechnerisch eine
zufriedenstellende Spanverteilung. Die optimale Neigung der
Fräseranspitzung kann nur für den Einzelfall ermittelt werden. Allerdings besteht meist die Forderung, daß mit dem

gleichen Fräser verschiedene Radkörperdurchmesser zu bearbeiten sind, um mit einer Schnecke verschiedene Übersetzungen
zu realisieren. Die Fräseranspitzung wird dann für einen
Mittelwert ausgelegt, so daß der kegelige Anschnitt etwa 7
bis 8 Teilungen lang ist.

Konvexe Anschnitte zeigen die geringste Abhängigkeit vom zu
fräsenden Raddurchmesser und eine günstige Entlastung der
Übergangsstelle zum zylindrischen Teil. Ebenfalls ist der
Einfluß von Stollenzahl und Gangzahl geringer als bei den
übrigen Anschnittformen, wie in der graphischen Ergebnis-
ausgabe der Variationsrechnung gut zu beobachten ist. Die
Herstellung eines solchen Fräsers ist jedoch erheblich
schwieriger als mit kegeligem Anschnitt, da nicht nur die
Kopf-Freifläche des Fräsers tonnenförmig zu fertigen ist,
sondern auch noch die Kopfabrundungsradien bzw. Fasen an
diese komplizierte Fläche tangieren müssen.

Obwohl die konvexe Form offensichtlich technologische Vorteile beim Verzahnen bringt, muß sich die Anwendung auf be-
sonders schwierige Fälle beschränken. Hierbei kann ein
Rechenlauf unter Berücksichtigung aller Betriebsbedingungen
guten Aufschluß über eine brauchbare Auslegung des Fräseranschnittes bringen.

Die Anschnitt-Geometrie der Schneckenradwälzfräser kann
nicht ohne praktische Versuche ermittelt werden, weil für
jeden Einsatzfall andere thermische oder dynamische Be-
lastungen vorliegen, die mit einer Geometriebetrachtung
nicht erfaßbar sind. Es konnte hierzu auf bereits in ver-
schiedenen Industrie-Unternehmen durchgeführte Untersuchungen
zurückgegriffen werden, die im wesentlichen die rechnerischen Ergebnisse bestätigen. Falls von der Kegelform ab-
weichende Anschnitte verwendet werden, sind diese konvex
und werden den speziellen Erfordernissen, dem Radkörperdurchmesser und dem Modul angepaßt.

5. ANWENDUNGSBEISPIELE FÜR DIE ERSTELLTEN RECHENPROGRAMME

Der Schwerpunkt der vorliegenden Untersuchung liegt in der
Entwicklung einiger wesentlicher Rechenprogramme. Durch sie
wird der Konstrukteur in die Lage versetzt, beliebige Getriebe zu überprüfen. Es stellte sich bei den durchgeführten
Parameterstudien heraus, daß es nicht möglich ist, allgemeingültige Gleichungen zu formulieren. Die Kombination der viel-
fältigen Parameter läßt sich gerade in den Bereichen mit einfachen Mitteln nicht erfassen, in die sich die zukünftige Entwicklung erstreckt, nämlich für hohe Zähnezahlen der Schnecke.

Es konnte durch Messungen gezeigt werden, daß eine Rechnersimulation der Zerspanvorgänge eine sehr gute Übereinstimmung
mit den praktisch erzielten Ergebnissen bringt. Der Programm-
aufwand ist zwar relativ hoch, jedoch bietet dieses Rechenverfahren die Gewähr, daß die erfaßbaren Parameter mit ihrem
tatsächlichen Einfluß berücksichtigt werden. Während bei einer vergleichbaren Rechnersimulation an Kegelrädern vom spa-
nend bearbeiteten Rad bis zum gehärteten und geläppten Fertig-
teil eine Reihe nur schwierig erfaßbarer Einflußgrößen vorhanden sind, ist die Rechnersimulation am Schneckenrad besser
überschaubar. Zum Vergleich der Meß- und Rechenergebnisse be-
züglich der Schneckenradflankengeometrie wurden Räder sowohl
willkürlich aus der Großserie zweier Getriebehersteller ent-
nommen als auch mit besonderer Sorgfalt gefertigte Meister-
räder eines Werkzeugherstellers überprüft. In beiden Extremfällen lieferte die Rechnersimulation brauchbare Ergebnisse
und gute Übereinstimmung.

Alle in diesem Bericht bisher beschriebenen Untersuchungen
berücksichtigen keine lastbedingten Verformungen (statische,
dynamische, thermische). Das gilt sowohl für die Zerspanung
an der Wälzfräsmaschine als auch für den Betriebszustand im
Getriebe. Die verwendeten Rechenprogramme enthalten nur geometrische und kinematische Größen zur Erzeugung der Flankengeometrie und Darstellung der Eingriffsverhältnisse.

Wie sich beim Vergleich der Rechenergebnisse mit der 3D-

Messung der Zahnflanken herausstellte, ist der Einfluß der
Lastverformung beim Fräsen für die Beurteilung der Werkzeuggeometrie untergeordnet. Dies ist zurückzuführen auf die
Verwendung relativ steifer Produktionsmaschinen und Werkzeuge, verhältnismäßig geringer Spankräfte bei der Bronze-
bearbeitung sowie auf den maßlich kleinen Anteil der Verformungen gegenüber den geometrischen Fehlern. Auf eine
rechnerische Erfassung der komplizierten Verhältnisse an
der Werkzeugmaschine wurde verzichtet.

Genauer untersucht wurde dagegen der Einfluß der Getriebe-
konstruktion [7].

In Abb. 11 sind die Einflußgrößen und die Auswirkungen der
Lastverformung angedeutet. Die an den Getriebeelementen an-
greifenden Kräfte rufen eine Verlagerung der Flanken und
eine Verformung der Zähne hervor. Hieran sind die Deformation von Gehäuse, Lagern, Wellen, Radkörper und Zähnen be-
teiligt, die in getrennten Berechnungen ermittelt werden
müssen.

Abb. 12 zeigt die verwendeten Rechenmodelle für das unter-
suchte Getriebe. Es handelt sich um ein serienmäßiges Stirn-
rad-Schneckengetriebe mit ca. 60 mm Achsabstand in der
Schneckengetriebestufe. Diese relativ kleine Baugröße wurde
gewählt, um die Verformungen des Getriebes zur Kontrolle der
Berechnungen auf der vorhandenen 3D-Meßmaschine messen zu
können.

Rechts oben im Bild ist das Gehäusemodell dargestellt, das
mit Hilfe der Finit-Element-Methode untersucht wurde. Maß-
gebend für die Änderungen des Zahneingriffs ist die Deformation der Lagerstellen.

Ebenfalls wurden die Verformungen von Wellen und Lagern be-
rechnet und in das Rechenmodell zur Bestimmung der Ease-Off-
Topographie eingegeben.

Zur Berechnung der Zahnverformung diente wiederum ein Finit-
Element-Modell. Dieses wurde für verschiedene Wälzstellungen

durch eine Einzelkraft jeweils im Schnittpunkt von theoreti-
scher Berührlinie und Path of Contact belastet. Die theoretische Berührlinie, auf der sich die Schnecke und das ein-
gelaufene Schneckenrad in einer bestimmten Wälzstellung
lastfrei berühren, wird bei Breitenballigkeit zu einem Be-
rührpunkt. Der geometrische Ort aller Berührpunkte beim
Wälzvorgang ist der Path of Contact.

Da sich der Kraftangriffspunkt auf der Flanke unter Last
verändert, ist eine Iterationsrechnung erforderlich.

Zunächst soll die Verformungsmessung betrachtet werden,
die in Abb. 13 wiedergegeben ist. Das Gehäuse wurde zur
eindeutigen Bestimmung der Verformungen mit Referenzkegeln
beklebt, die oben im Bild dargestellt sind. Die Verformungen zwischen unbelastetetem und mit einer Vorrichtung
verspannten Getriebe sind im Diagramm unten im Bild ausge-
plottet. Es zeigt sich, daß ein relativ starres Gehäuse mit
geringer Deformation unter Belastung vorliegt.

Der rechnerische Aufwand ist erheblich, da die Verformung
von Gehäuse und Verzahnung mit Hilfe der Finit-Element-
Methode bestimmt werden muß. Es bestand deshalb die Frage,
ob eine Berücksichtigung der Getriebedeformationen wesentlich verbesserte Ergebnisse liefert bzw. wann auf diese Berechnung verzichtet werden kann.

Die Nachrechnung des Seriengetriebes ergab eine theoretische Tragbildverlagerung unter Last, die unbedeutend war
und keinerlei Auswirkungen auf die Werkzeugkonstruktion hat
(Abb. 14). Hierbei waren ein stabiles Gußgehäuse, steife
Wellen und Lagerungen sowie eine ausreichende Anfangsballig-
keit ausschlaggebend. In der Praxis würde man auf die Nach-
rechnung der Deformationen verzichten, wenn lediglich die
Wälzfräsergeometrie bestimmt werden soll. Dagegen liefert
diese Berechnung unter Umständen eine Aussage über die
Eigenschaften des Getriebes. Eine fliegend gelagerte
Schneckenwelle zeigte bei der rechnerischen Ermittlung der
Eingriffsverhältnisse unzulässig große Nachgiebigkeit bei

Nennbelastung (Abb. 15). Dieser Mangel ist allerdings durch
eine Wälzfräserauslegung, die Inhalt der hier besprochenen
Untersuchung wäre, nicht zu beheben, denn auch bei großer
Anfangsballigkeit kann kein degressiver Einlaufverschleiß
stattfinden, da das Tragbild bei unterschiedlicher Last
wandert und sich nicht in der gewünschten Weise vergrößert.

6. ZUSAMMENFASSUNG

Entsprechend der Aufgabenstellung wurden einige spezifische
Merkmale des Schneckenradwälzfräsens untersucht. Hierbei
standen drei Methoden zur Verfügung, die auch genutzt wurden:

1) Die Rechnersimulation der Geometrie und der Kinematik
   beim Schneckenradwälzfräsen, wobei die gesamte kinematische Kette der beteiligten Elemente zu berücksichtigen war.

2) Die 3D-Messung der Flankengeometrie, die in diesem Zusammenhang entwickelt und erfolgreich eingesetzt wurde.

3) Der Vergleich von praktischen Ergebnissen und der bis-
   herigen Erfahrungen der Industrie mit den hier gefundenen Resultaten.

Der Schwerpunkt der Arbeit lag zwangsläufig auf den ersten
beiden Punkten, da zwar relativ große Vorarbeiten nötig
waren, jedoch erstmalig numerisch belegte Ergebnisse, wie
Ease-Off-Topographie von Schnecke und Schneckenrad, Fräser-
anschnittgeometrie und Soll-Ist-Abweichungen aus einer 3D-
Messung, erzielt wurden. Dies erwies sich als entscheidend
für den planmäßigen Ablauf und die Aussagefähigkeit der
Untersuchungen.

7. LITERATURVERZEICHNIS

[1]   Holler, R.   Rechnersimulation der Ein-
                         griffsverhältnisse von Zahn-
                         radgetrieben
                         VDI-Z 118 (1976), Nr.6,
                         S.257/261

[2]   Holler, R.   Bezugsnormal für die 3D-Mes-
                         sung von Zahnrädern
                         VDI-Z 117 (1975), Nr.19,
                         S.869/872

[3]   Holler, R.   Rechnersimulation der Kinema-
                         tik und 3D-Messung der Geome-
                         trie von Schneckengetrieben
                         und Kegelrädern
                         Dissertation TH Aachen, 1976

[4]   Kotthaus, E.   Laufverhalten von Kegelrad-
                         sätzen
                         Werkstatt und Betrieb 106
                         (1973), Nr.2, S.69/74

[5]   Sulzer, G.   Leistungssteigerung bei der
                         Zylinderradherstellung durch
                         genaue Erfassung der Zerspan-
                         kinematik
                         Dissertation TH Aachen, 1973

[6]   Weck, M.   Programmbibliothek des Labora-
                         toriums für Werkzeugmaschinen
                         und Betriebslehre der RWTH
                         Aachen, Lehrstuhl für Werkzeug-
                         maschinen

[7]   WZL   Bericht über die 18. Arbeits-
                         tagung Zahnrad- und Getriebe-
                         untersuchungen, Mai 1975

8. ABBILDUNGEN

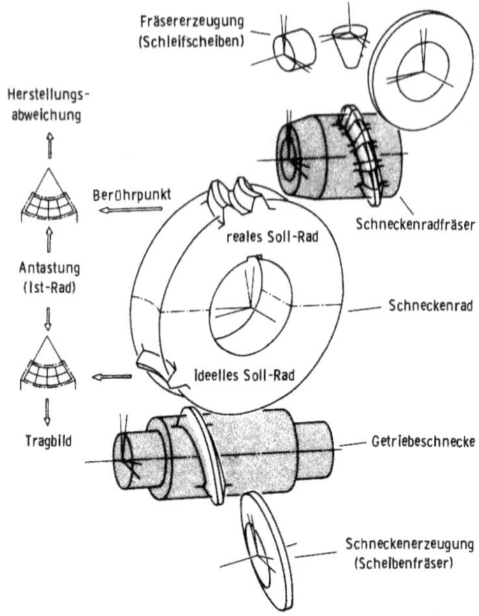

Abb. 1   Zusammenwirkende Elementpaare zur Geometrie-
berechnung von Schneckengetrieben

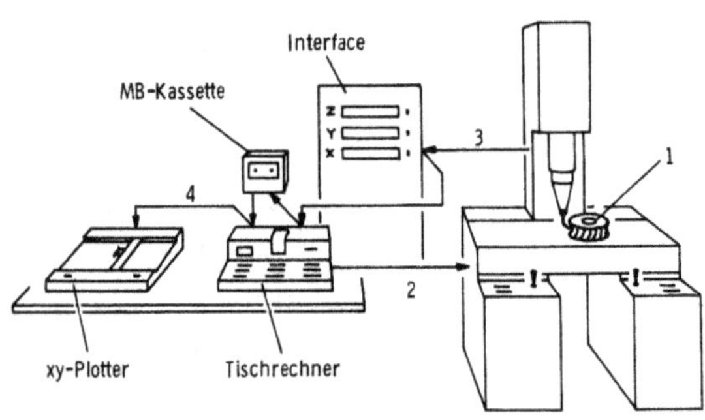

1. Ausrichten des Rades
   durch Koordinatentransformation mit Hilfe des Tischrechners

2. Vorgabe der Taster-Sollpunkte
   auf der Äquidistantenebene und Antasten in Meßrichtung

3. Übernahme der Soll-Istabweichungen
   durch das Interface und Abspeichern auf MB-Kassette

4. Graphische Auswertung
   der auf Normalenrichtung bezogenen Meßergebnisse auf dem Plotter

Abb. 2   Geräteanordnung an der 3D-Meßmaschine

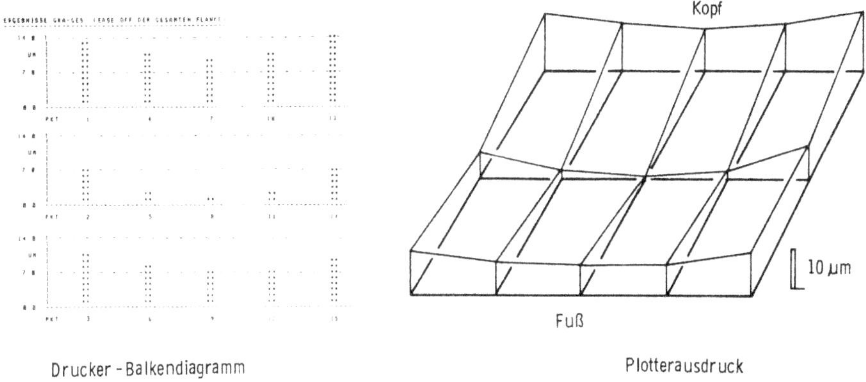

Drucker-Balkendiagramm

Abb. 3   Graphische Ausgabe der Ergebnisse

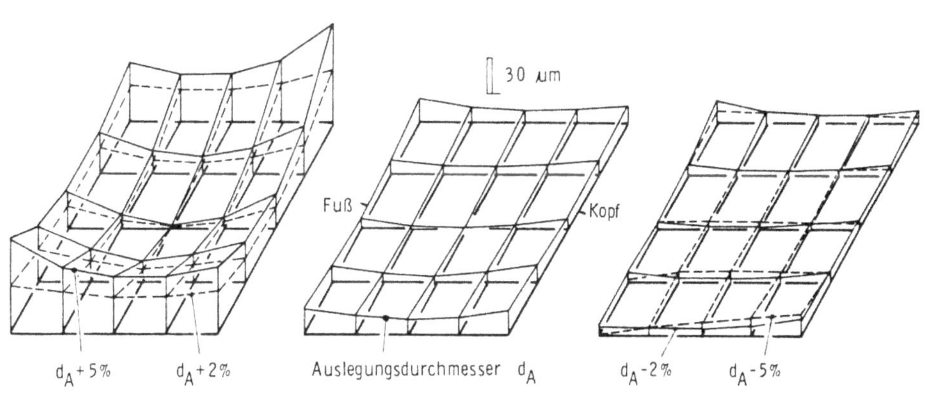

Abb. 4   Ergebnisse der Ease-Off-Berechnung für einen
           Fräser mit verschiedenen Nachschliffzuständen

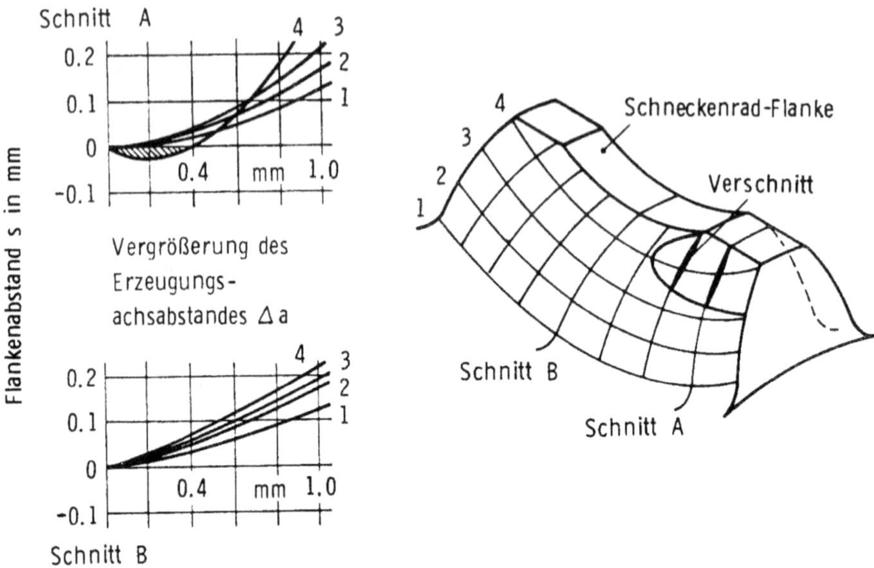

Abb. 5   Darstellung des Radialverschnitts

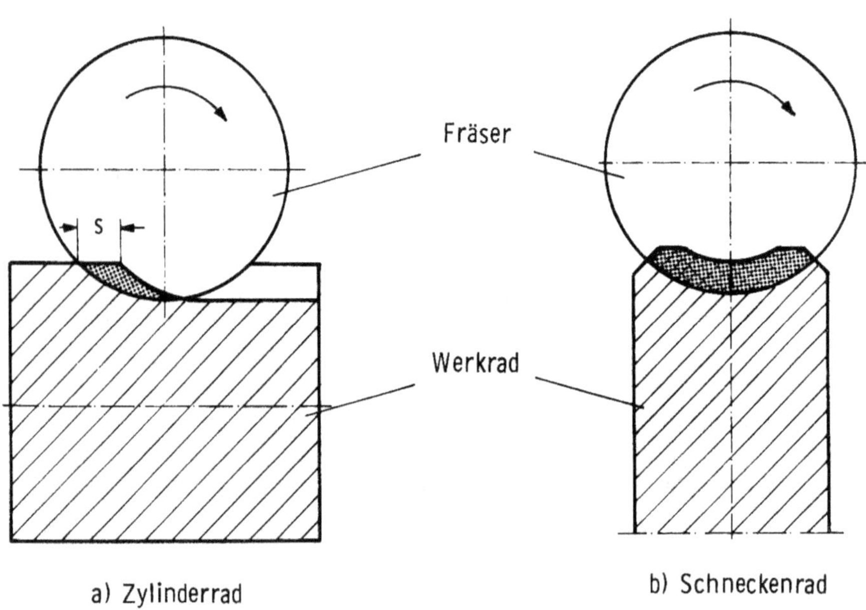

Abb. 6   Fräsereingriff beim Wälzfräsen von Zylinderrädern und Schneckenrädern

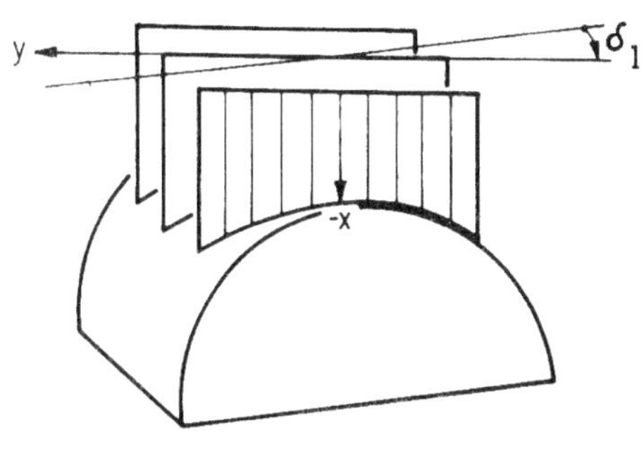

Ebenenart 1

Stirnschnittebenen für $\delta_1 = 0$

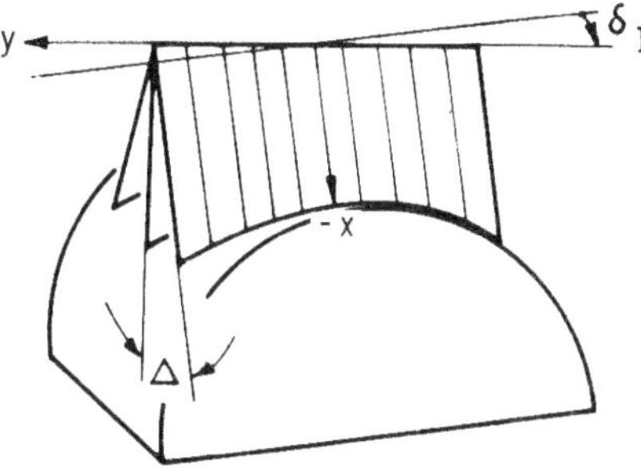

Ebenenart 2

Schnecken - Achsschnittebenen
für $\delta_1 = 0$

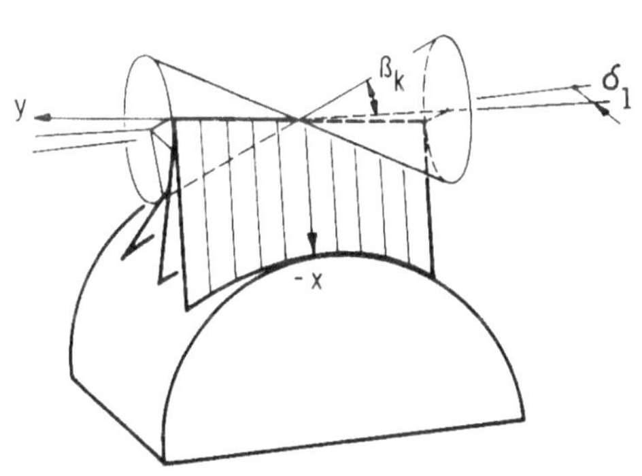

Ebenenart 3

Mitten - Normalschnittebenen
für $\delta_1 = 0$ und $\beta_k = \beta$

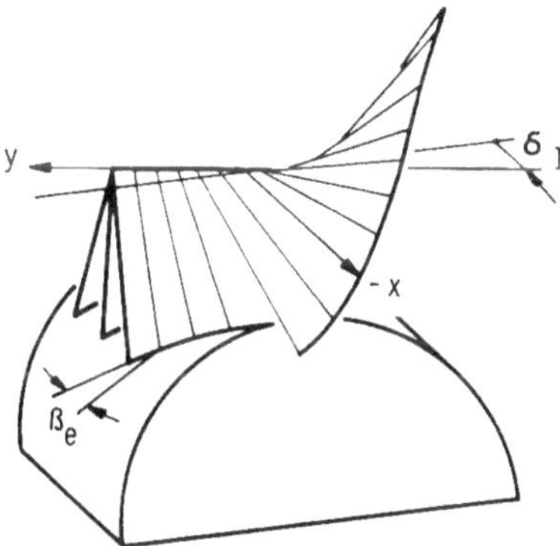

Ebenenart 4

Verzahnungs - Normalschnittebenen
(Schraubenflächen) für $\delta_1 = 0$ und $\beta_e = \beta$

Abb. 7   Anordnung der Schnittebenen

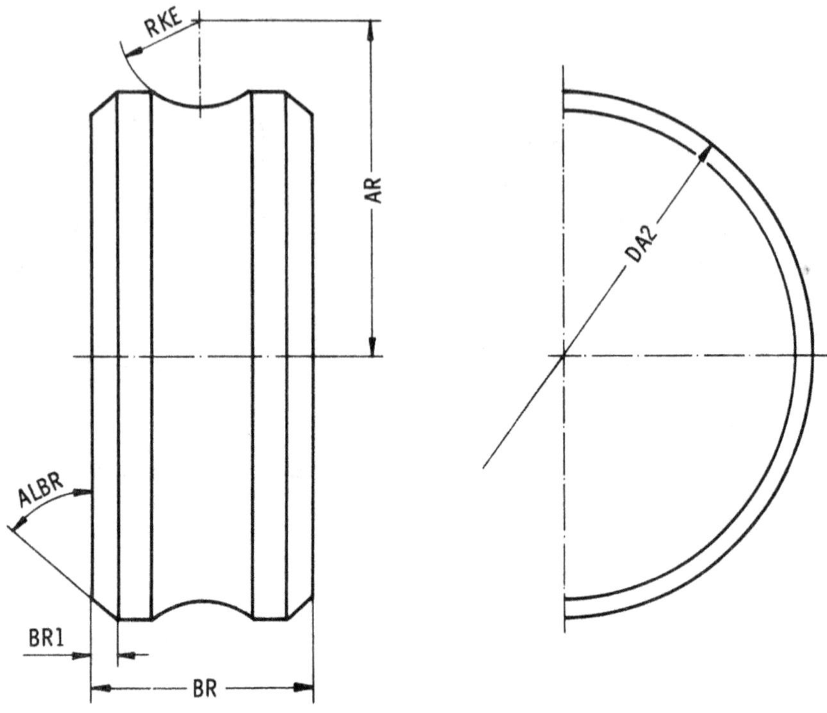

Abb. 8   Rohkontur des Schneckenrades

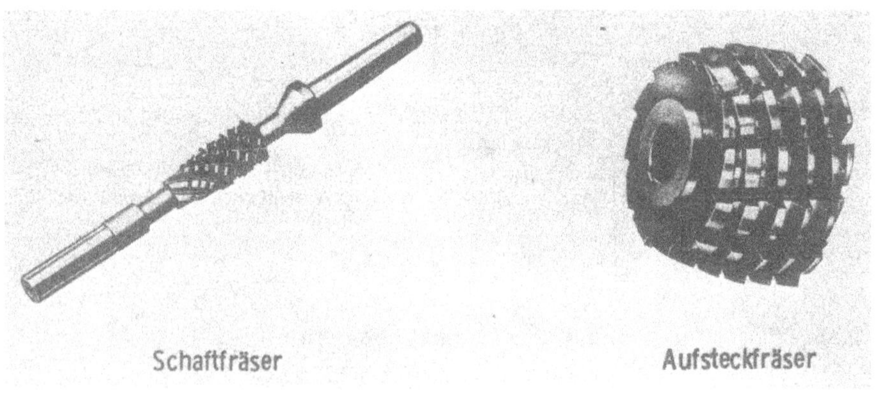

Abb. 9   Schneckenrad-Wälzfräser mit Anschnitt

```
RUNDGANG NR   2         ZAHNEINGRIFF NR  -5                  W564 ,06,D6 =   =57,996  -10,481    5,613
.....................................................................................................
SPANUNGSDICKEN AN DER ABGEWICKELTEN SCHNEIDKANTE            E = EINLAUF, FLANKE,     A = AUSLAUF, FLANKE
1  ----------------                                                                          0,0000 QMM
   E  (        )
2  ------------------------------------------------------------------------------------•     0,0000 QMM
   E                                                                                    A
                                      (        )
3  ---------+2457783803777665543321--------------+•-----+467--•431-----------------------•     ,4038 QMM
   E                                  (        )                                         A
4  --------------+11233445566778894CEFFFFGGGHWHM-CB97455566777765431-----------------------•   ,9896 QMM
   E                                (        )                                           A
5  -------------------------------+•3-2233445566777889963-----------------------------•       ,2389 QMM
   E                              (        )                                             A
6  ------------------------------------•-55563----------------------------------------•       ,0649 QMM
   E                              (        )                                             A


RUNDGANG NR   2         ZAHNEINGRIFF NR  -4                  W564 ,06,D6 =   =56,043  -8,385    5,613
.....................................................................................................
SPANUNGSDICKEN AN DER ABGEWICKELTEN SCHNEIDKANTE            E = EINLAUF, FLANKE,     A = AUSLAUF, FLANKE
1  ----------------                                                                          0,0000 QMM
   E  (        )A
2  ----------+122211•-----------------------------------+1•----------------------------•     ,0282 QMM
   E                                  (        )                                         A
3  ---------+112^33144556677784909F977678°CHM MMHLLKKKKKL!---444555654321----------------•   1,2424 QMM
   E                                  (        )                                         A
4  ------------------------•11223445^644555676654•--•41122334456677880087742------------•     ,4878 QMM
   E                                (        )                                           A
5  ---------------------------------------•11223344556642------------------------------•     ,1205 QMM
   E                              (        )                                             A
6  --------------------------------------•1------------------------------------------•       ,0065 QMM
   E                              (        )                                             A
```

Abb. 10   Ergebnisausdruck einer Spandickenberechnung

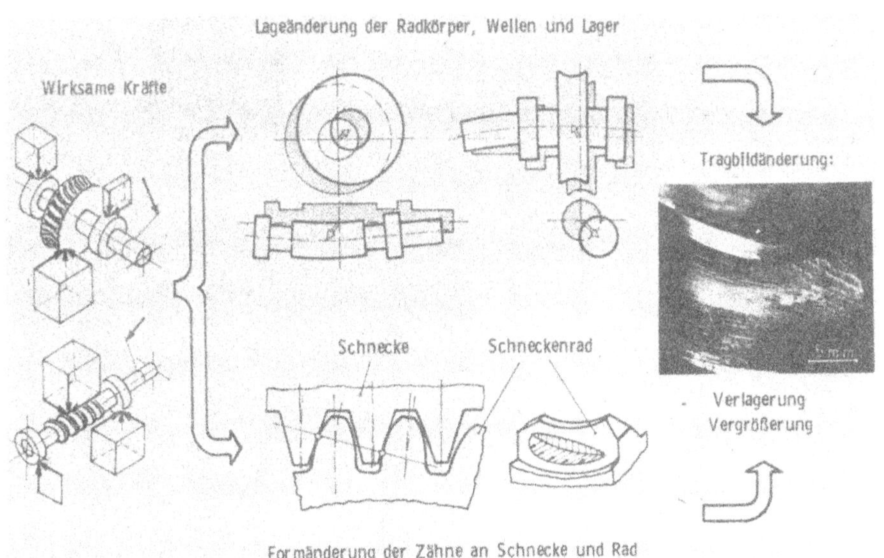

Abb. 11   Auswirkung der Belastung auf das Tragbild

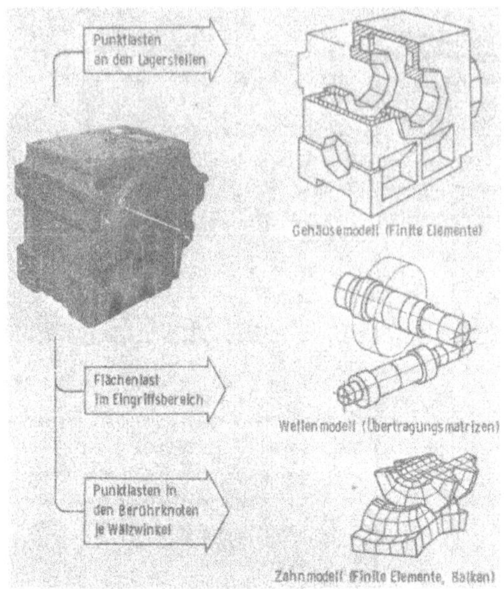

Abb. 12   Rechenmodell zur Bestimmung der statischen Verformungen

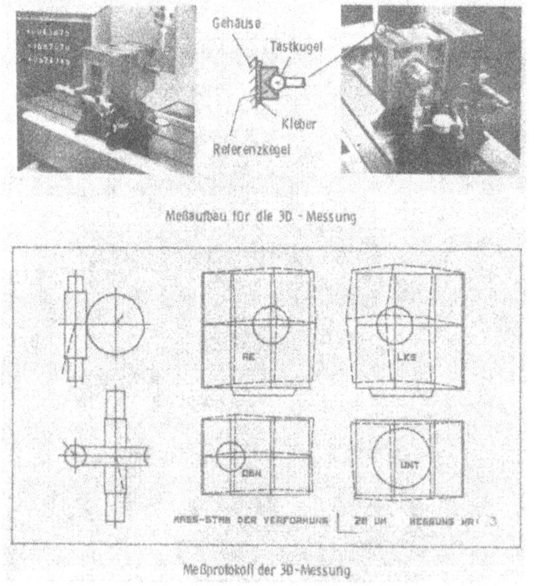

Abb. 13   Verformungsmessung am belasteten Schneckengetriebe

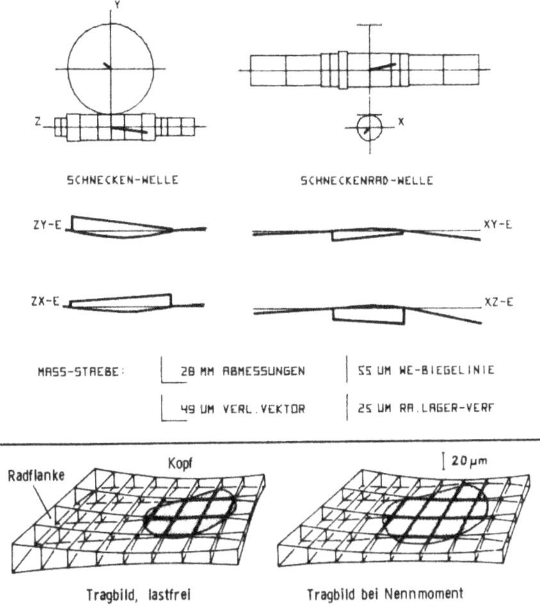

Abb. 14   Verlagerung des Tragbildes bei Belastung
            (beidseitige Lagerung)

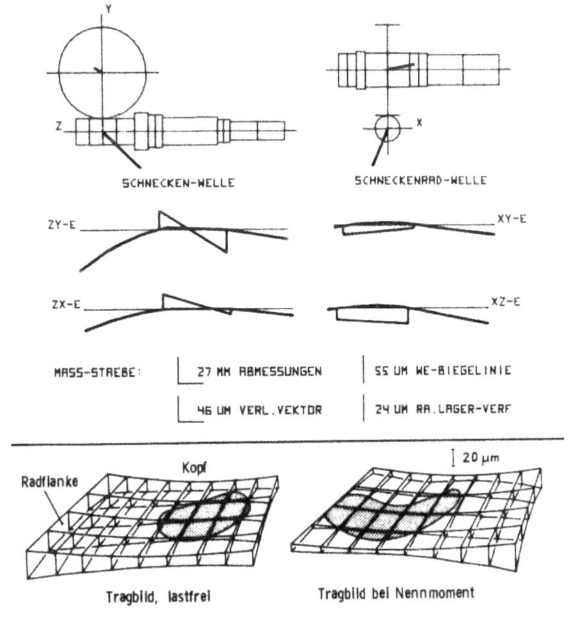

Abb. 15   Verlagerung des Tragbildes bei Belastung
            (fliegende Lagerung)

FORSCHUNGSBERICHTE
des Landes Nordrhein-Westfalen

Herausgegeben
im Auftrage des Ministerpräsidenten Heinz Kühn
vom Minister für Wissenschaft und Forschung Johannes Rau

Die „Forschungsberichte des Landes Nordrhein-Westfalen" sind in
zwölf Fachgruppen gegliedert:

Geisteswissenschaften
Wirtschafts- und Sozialwissenschaften
Mathematik / Informatik
Physik / Chemie / Biologie
Medizin
Umwelt / Verkehr
Bau / Steine / Erden
Bergbau / Energie
Elektrotechnik / Optik
Maschinenbau / Verfahrenstechnik
Hüttenwesen / Werkstoffkunde
Textilforschung

Die Neuerscheinungen in einer Fachgruppe können im Abonnement
zum ermäßigten Serienpreis bezogen werden. Sie verpflichten sich
durch das Abonnement einer Fachgruppe nicht zur Abnahme einer
bestimmten Anzahl Neuerscheinungen, da Sie jeweils unter
Einhaltung einer Frist von 4 Wochen kündigen können.

WESTDEUTSCHER VERLAG
5090 Leverkusen 3 · Postfach 300 620

GPSR Compliance
The European Union's (EU) General Product Safety Regulation (GPSR) is a set
of rules that requires consumer products to be safe and our obligations to
ensure this.

If you have any concerns about our products, you can contact us on

ProductSafety@springernature.com

In case Publisher is established outside the EU, the EU authorized
representative is:

Springer Nature Customer Service Center GmbH
Europaplatz 3
69115 Heidelberg, Germany